生活垃圾处理

知 识 问 答

陈建峰　主编

U0278457

中国人口与健康出版社
China Population and Health Publishing House
全国百佳图书出版单位

图书在版编目（CIP）数据

生活垃圾处理知识问答 / 陈建峰主编 . -- 北京：
中国人口与健康出版社，2024.5
ISBN 978-7-5101-9366-8

Ⅰ . ①生… Ⅱ . ①陈… Ⅲ . ①生活废物－垃圾处理－
问题解答 Ⅳ . ① X799.305-44

中国国家版本馆 CIP 数据核字 (2024) 第 092710 号

生活垃圾处理知识问答
SHENGHUO LAJI CHULI ZHISHI WENDA
陈建峰　主编

策　　划	曾迎新
责任编辑	曾迎新
装帧设计	陈永超
责任印制	林　鑫　任伟英
出版发行	中国人口与健康出版社
印　　刷	北京朝阳印刷厂有限责任公司
开　　本	880 毫米 x1230 毫米　1/32
印　　张	4
字　　数	96 千字
版　　次	2024 年 5 月第 1 版
印　　次	2024 年 5 月第 1 次印刷
书　　号	ISBN 978-7-5101-9366-8
定　　价	29.80 元

电子信箱	rkcbs@126.com
总编室电话	（010）83519392
发行部电话	（010）83510481
传　　真	（010）83515922
地　　址	北京市西城区广安门南街 80 号中加大厦
邮政编码	100054

前　言

　　随着经济发展、城市规模扩大和人口不断增长，生活垃圾产生量与日俱增。这给资源、环境带来了巨大的压力，造成的危害也日益凸显。

　　2019 年 6 月，习近平总书记对垃圾分类工作作出重要指示。习近平指出，推行垃圾分类，关键是加强科学管理、形成长效机制、推动习惯养成。要加强引导、因地制宜、持续推进，把工作做实做细，持之以恒抓下去。

　　做好垃圾处理，需要政府、企业、居民的共同努力，其中，政府起主导作用。政府要建立健全相关的法律法规，对垃圾处理行为奖惩分明；加大对垃圾治理的投入力度，加强垃圾分类配套设施建设；建立完备的资源回收体系，完善垃圾回收的产业链条；加大宣传教育力度，增强公众的环境保护和垃圾处理意识，提高市民参与垃圾处理的积极性、主动性和自觉性。

　　城市垃圾处理是一个系统工程，公众参与是完成这个工程的关键因素，其中最关键的一步是生活垃圾的分类投放，主要依靠广大市民来完成。因此，实行垃圾分类要争取公众的理解、支持和自觉参与。

本书编著者通过对生活垃圾情况的实地调查分析，对不同生活垃圾进行归纳，对相应的分类投放设施制造标准、分类收运规范以及终端处置的场地结合适宜的分类方案进行总结，编著了这本实用的操作性强的《生活垃圾处理知识问答》。

本书分八章针对生活垃圾产生的源头与危害、分类价值与优势、分类具体措施与管理、分类后去向、回收再利用等方面进行详尽叙述，并且结合每一环节给出有针对性的建议。本书通过问答形式，配以生动活泼的插图，结合国家及相关城市颁布的有关文件，呈现了相关科学概念、处理的相关措施及方法，编写过程中力求语言平实简练，通俗易懂，同时适度引导读者对生活垃圾分类有进一步的认识。

在本书编著过程中编著者参考了大量政策文件和技术规范等，在此对相关单位及作者深表感谢。限于编著者水平，书中难免有不足之处，敬请读者批评指正。

编著者

2024 年 5 月

目 录

第1章 生活垃圾的分类和危害

第一节 生活垃圾如何分类

第二节　垃圾危害有多大

第2章　垃圾分类的意义与其投放

第一节　垃圾分类的意义

第二节　垃圾如何分类投放

第3章　城市生活垃圾的管理

第4章　城市生活垃圾的收集和运输

第5章 生活垃圾的生物处理

第6章 生活垃圾的焚烧

第7章 生活垃圾的填埋处理

第8章 生活垃圾的再生利用

生活垃圾的分类和危害

第一节　生活垃圾如何分类

1. 什么是生活垃圾？

生活垃圾，是我们日常生活中或者在为日常生活提供服务的活动中产生的固体废物，以及法律、行政法规规定视为生活垃圾的固体废物。例如人们日常生活中废弃的电脑、衣服、报纸、玻璃瓶、易拉罐、塑胶等都属于生活垃圾。

生活垃圾一般可分为可回收物、有害垃圾、厨余垃圾和其他垃圾。由于生活垃圾产生量大，成分复杂多样，而且每天都会产生，如果不及时妥善处理，就会影响市容、卫生，造成环境污染，使居住条件恶化，引发邻里纠纷，甚至产生垃圾围城的后果，因此必须及时对生活垃圾进行处理。

2. 什么是可回收物？

可回收物就是可以再生循环的、经过处理加工可以重新利用的生活废弃物。我们生活中产生的可回收物主要包括以下几类：

①废纸张及衣纸类物品：废旧书本、报纸、包装盒、包装纸、办公用纸、纸箱、日历纸等。

②废旧纺织物：废旧衣服、窗帘、桌布、书包、纺织鞋、床上用品等。

③废金属制品：废弃的金属罐头盒、易拉罐、金属刀具、金属餐具、指甲剪、螺钉、螺丝刀、钳子、扳手等工具，以及铝箔、钥匙、金属容器、金属瓶盖、金属晾衣架等。

④废塑料制品：塑料泡沫、塑料餐盒和餐具、塑料玩具、塑料杯、塑料瓶、塑料桶、塑料盆等。

⑤废玻璃制品：废弃的碎玻璃片、玻璃杯、玻璃瓶、玻璃工艺品等。

⑥废橡胶及橡胶制品：废弃雨鞋、密封橡胶圈、废旧自行车车胎、汽车轮胎等。

⑦电路板、电线、插座等。

对于以上可回收物，我们在处理时要注意：

①轻投轻放，保持清洁干燥，避免污染。

②废纸应保持平整。

③立体包装应清空内容物，清洁后压扁投放。

④废玻璃制品应轻投轻放，有尖锐边角的应包裹后投放。

3. 什么是有害垃圾？

有害垃圾是指对人体健康或自然环境造成直接或潜在危害的、需要特殊处理的生活废弃物，一般具有毒性、易燃性、腐蚀性等。有害垃圾往往含有重金属或其他有害化学物质，需要经过专门处理。

生活中常见的有害垃圾主要包括：

①废荧光灯灯管、日光灯灯管、节能灯灯管。

②废温度计、废血压计、过期药品及其包装物等。

③废油漆、溶剂及其包装物，废胶片及废相纸，废打印机墨盒等。

④废杀虫剂、消毒剂及其包装物。

⑤部分废电池：纽扣电池、电子产品中的锂电池、电动车电瓶中的铅蓄电池等。

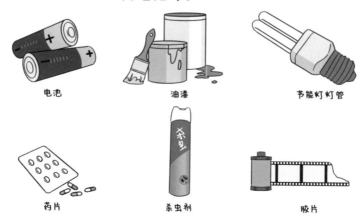

电池　　　　　油漆　　　　　节能灯灯管

药片　　　　　杀虫剂　　　　　胶片

对于以上有害垃圾，我们在处理时要注意：

①轻拿轻放，防止破碎。

②废灯管等易破损的有害垃圾应连带包装一起投放或包裹后投放。

③对于废杀虫剂等压力罐装容器，应排空其中的内容物之后投放。

④在公共场所产生有害垃圾且未发现对应收集容器时，应携带至有害垃圾投放点妥善投放。

4. 什么是厨余垃圾？

厨余垃圾是指在普通环境条件下容易腐烂变质的生活废弃物。厨余垃圾主要包括：

①家庭厨余垃圾：剩菜剩饭、畜禽内脏、腐肉、肉碎骨、蛋壳，鱼鳞，茶叶渣、咖啡渣，蔬菜瓜果及瓜果皮等。

②家居环境中的花草及植物落叶等。

对于以上厨余垃圾，我们在处理时要注意：

①丢掉食材食品的包装物，不得混入纸巾、餐具、厨房用具等。

②难以生物降解的贝壳、大骨头、毛发等，宜作为其他垃圾投放。此外，还有果核儿、坚果类果壳、

玉米棒，都是不可回收的。鸡骨头等小型骨头和软骨等易降解，则归入厨余垃圾。

③对于厨余垃圾，应沥干水分后再投放。

5. 什么是其他垃圾？

其他垃圾是指危害较小但无再次利用价值的生活废弃物。其他垃圾主要包括：

①废弃的砖瓦、陶瓷，破碎的瓷制家具，渣土等。

②打扫时产生的尘土、头发，咀嚼过的口香糖、

烟蒂、胶带、创可贴,被污染的塑料袋,使用过的餐巾纸、卫生纸、一次性餐具,妇女卫生用品、尿不湿,旧毛巾、内衣裤。

③干电池:如一号、五号、七号干电池等。

对于以上其他垃圾,我们在处理时要注意:

①并不是所有电池都属于有害垃圾,有的可以作为其他垃圾处理。

②要投放带有水分的其他垃圾时,应尽量沥干水分再进行投放。

③对于难以辨别其类别的生活垃圾,应投入其他垃圾的垃圾箱中。

6. 家庭生活中产生的垃圾有哪些？

（1）可回收物

可回收物主要包括：废纸类物品、废塑料制品、废玻璃制品、废金属制品、废旧纺织物等。

（2）有害垃圾

有害垃圾主要包括：部分废电池、废灯管类、废药品类、废化学品类物品、废胶片及废相纸等。

（3）厨余垃圾

厨余垃圾主要包括：肉蛋食品垃圾，不要的菜帮菜根、剩菜剩饭、瓜瓤果核儿，不要的糕点糖果，枯死的水培植物，废弃的宠物饲料等。

（4）其他垃圾

其他垃圾主要包括：污损的纸类物品，废弃日用品，清扫时产生的渣土，大骨头、贝壳、坚果类果壳、水果硬壳，陶瓷制品等。

大件垃圾也属于其他垃圾，主要包括：废弃的金鱼缸，桌凳、茶几、沙发、床、床垫，衣柜、书柜、酒柜、电视柜、鞋柜，燃气灶，洗浴玻璃门、可拆解沐浴房设施，自行车等。

7. 学校教室、宿舍产生的垃圾有哪些？

（1）可回收物

学习用过的草稿纸、废弃试卷、易拉罐和饮料瓶。

（2）有害垃圾

学生在做实验时产生的有害物质，以及难以分离的包装物等都属于有害垃圾，应在老师的指导下将其投入有害垃圾桶。学校医务室中用过的血脓污染物、创可贴、棉签、常用药品及其包装物等属于有害垃圾，应投入专门设置的有害垃圾桶。

（3）其他垃圾

用过的餐巾纸、粉笔头、用坏的笔、废弃的铅笔芯、橡皮擦、粉笔擦、胶带等。另外，废弃的乒乓球、篮

球、足球、羽毛球拍等体育用品也属于其他垃圾。

8. 办公场所产生的垃圾有哪些？

（1）可回收物

废弃的易拉罐、玻璃瓶、塑料瓶以及其他塑料制品，废弃的打印纸、包装纸、报纸、广告单等属于可回收物，建议集中收集捆绑，投入可回收物垃圾桶中。废弃的鼠标、键盘、手机等小型电子产品，属于可回收物，不宜单独拆解，可送至专门的回收点或回收机构。

（2）有害垃圾

部分废电池（如纽扣电池、铅蓄电池、电子产品中的锂电池等）、废灯管、废墨盒、员工用过的过期药品等，投入有害垃圾桶。

（3）其他垃圾

对于标有可循环标识的外卖盒，清洗后可投入可回收物垃圾桶；若无法清洗，要清除掉其中的物质，再投入其他垃圾桶中。对于使用了喝过茶的纸杯，应清理其中的茶水后投入其他垃圾桶。烟蒂、烟灰属于其他垃圾，应投入其他垃圾桶。

9. 超市、菜场产生的垃圾有哪些？

（1）可回收物

塑料包装盒、塑料包装袋等。

（2）厨余垃圾

枯菜叶、烂瓜果，剩下的鱼鳞、鱼骨头、虾头、蟹壳、虾壳、贝类坚硬的外壳和过期海鲜、动物内脏等。

（3）其他垃圾

家禽毛发、塑料袋、保鲜膜、一次性包装盒等。

10. 饭馆、食堂产生的垃圾有哪些？

（1）可回收物

打印纸、纸箱、纸塑铝复合包装、易拉罐、饮料瓶、放调料的玻璃瓶、废弃的厨具、工具、电器等。

（2）有害垃圾

废旧灯管、餐厅装修用的油漆、瓦斯罐等。

（3）厨余垃圾

不要的蔬菜、瓜果、加工类食品（如罐头）、肉和动物内脏、碎骨、剩菜剩饭等。

（4）其他垃圾

毛巾、厨师帽、围裙，被食物污染过的塑料袋、餐具薄膜、保鲜膜，用过的一次性纸杯、一次性餐具，厨房用纸、卫生间用纸、烤盘纸，大骨头、尘土等。

第二节　垃圾危害有多大

1. 垃圾对人体有哪些危害？

放置时间久了的饭菜、较长时间不处理的厨房垃圾桶都容易散发令人不愉快的臭味。恶臭物质的臭味不仅取决于其种类和性质，也取决于其浓度，浓度不同，同一种物质的气味也有差异。

垃圾长时间放置产生的恶臭对人体的危害很大，如危害人体呼吸系统、循环系统、消化系统、内分泌系统以及神经系统等。如果短时间内吸入大量恶臭气体，可能会出现中毒症状，引发头晕、头痛、胸闷等情况。当病情危急时，可能会出现呼吸困难、呼吸衰竭等症状，甚至危及生命。长期受到一种或几种低浓度恶臭物质的刺激，会引起嗅觉疲劳、嗅觉消失等。此外，恶臭使人精神烦躁不安，思想不集中，工作效率降低，判断力和记忆力水平下降，影响大脑的思考活动。

家庭中所使用的非环保干电池中含有有毒有机溶剂，挥发性高，容易被人体吸收，从而引起头痛、过敏、昏迷等症状，严重时可致癌。

　　家庭装修所残留的油漆含有有毒气体苯，其挥发可引发中毒、哮喘、咳嗽等。粉刷的颜料中含有的重金属铅，会使人的神经系统、消化系统和泌尿系统受到损害，造成贫血或女性不孕、婴儿出生体重减轻、儿童智力下降等。这些污染都是需要注意的。

2. 垃圾为什么会污染城市空气？

　　在运输、处理城市生活垃圾和其他固体废物的过程中，如缺乏相应的防护和净化措施，会造成细小颗粒和粉尘随风扬散；堆放和填埋的废物以及渗入土壤的废物，经过挥发和化学反应释放出有害气体，都会严重污染大气并使大气质量下降。

　　生活垃圾填埋后，其中的有机成分在地下厌氧的环境下会分解产生二氧化碳、甲烷等气体进入大气中，如果任其聚集会引发火灾和爆炸。垃圾焚烧炉运行时会排放出颗粒物、酸性气体、未燃尽的废物、重金属与微量有机化合物等，这些都会对空气造成污染。

　　资料显示，生活垃圾是全球温室气体的产生源之

一。温室效应会导致全球变暖，使两极冰川融化，海平面上升，很多极地动物会因此灭绝，有些国家还可能被海水淹没。

3. 垃圾为什么会污染水源？

如果将城市生活垃圾和其他固体废物直接排入河流、湖泊等地，或是露天堆放的废物经雨水冲刷被地表径流携带进入水体，或是飘入空中的细小颗粒通过降水携带及重力沉降落入地表水体中，都可溶解出有害成分，污染水质、毒害生物。

有些简易垃圾填埋场，经雨水的淋滤作用或废物的生化降解产生的渗沥液含有高浓度悬浮固态物和各

种有机与无机成分。如果这种渗沥液进入地下水或浅蓄水层中，将导致严重的水源污染，而且很难治理。

4. 垃圾对土地有什么影响？

处理垃圾最简单的办法就是找一块空地露天堆放或者填埋，这就需要占用大量的土地资源。

目前，全国垃圾堆侵占土地面积广达 5 亿多平方米，全国约 2/3 的城市处于垃圾包围中。有很多垃圾不容易被自然分解，就会破坏填埋地的生态平衡，出现土地退化、荒漠化等情况。

大量的化学废品、废金属等有毒物质被直接填埋或者遗留在土壤中，会破坏土壤性质和结构，使土壤肥力丧失、表面结块并含有毒性。

土地是人类赖以生存的要素，在科学技术高度发展的今天，土地却遭受到空前的破坏。土壤污染像一把软刀子，正在剥夺大片肥田沃土的生产力。

土壤中某些有害物质量大大超出正常含量标准，土地无法消除这些有害物的影响。严重的土壤污染可以导致农作物生长发育的减退甚至枯萎死亡，降低农产品的质量和产量。

5. 垃圾为什么会传播疾病?

　　垃圾散发的有毒气体、运输过程中飞扬起来的粉尘颗粒,都会直接影响人的身体健康。垃圾含有大量微生物,是病菌、病毒的滋生地和繁殖地;它为老鼠、蚊蝇等提供了食物和栖息、繁殖的场所,它们携带的病原微生物是动物传染性疾病的根源。

　　垃圾中的有毒气体随风飘散,使空气中二氧化硫、铅含量升高,从而导致呼吸道疾病发病率升高,严重地危害人类健康。地下水污染物含量超标,容易引发腹泻、血吸虫、沙眼等疾病。

6. 什么是"白色污染"?

　　所谓的"白色污染"是指城市垃圾中散落各处，时时可见的、不可降解的塑料废弃物对于环境的污染。它主要包括塑料袋、塑料包装、一次性快餐盒、塑料餐具、塑料杯盘以及电器充填发泡填塞物、塑料饮料瓶、塑料酸奶杯、雪糕包装皮等。

　　伴随人们生活节奏的加快，社会生活正向便利化、卫生化发展。为了顺应便利化、卫生化的需求，一次性泡沫塑料饭盒、塑料袋、一次性筷子、一次性水杯等开始频繁地进入人们的日常生活中。这些物品的出

现给人们的生活带来了诸多便利。但是，这些物品在被使用后往往被随手丢弃，造成"白色污染"，形成环境危害，成为极大的环境问题。这类塑料垃圾在自然界中停留的时间很长，一般可达 200 年至 400 年，有的甚至可达 500 年。这样就会侵染土地；废旧塑料包装物混在土壤中，还会影响农作物吸收养分和水分，导致农作物减产。

白色垃圾几乎都是可燃物，在天然堆放过程中会产生甲烷等可燃性气体，遇明火或自燃引起的火灾事故不断发生，时常造成重大损失。因为体积大，所以填埋之处会滋生细菌，污染地下水。抛弃在陆地上或水体中的废旧塑料包装物被动物当作食物吞入，会导致动物死亡，在动物园、牧区和海洋中，此类情况已屡见不鲜。

7. 垃圾处置处理不当会有哪些二次危害？

（1）对大气的危害

易腐垃圾在环境中分解时，会释放恶臭，释放甲烷、一氧化碳等危害大气环境的污染性气体。塑料废物由于难以降解而被称为"白色污染"，在焚烧处理过程中会释放二次污染物污染大气环境。

（2）**对水体的危害**

国内对相当数量的生活垃圾采用卫生填埋的方法进行处置处理，如果垃圾填埋场没有采取防渗措施及配套的监管措施，垃圾渗滤液就会不可避免地对周边水环境造成污染。

（3）**对土壤的危害**

传统的厨余垃圾处理方式主要有两种：焚烧和填埋。厨余垃圾采取焚烧处理，易产生有害气体二噁英等；而填埋则会造成对土壤多方面的污染。

（4）**对人体的危害**

生活垃圾主要通过土壤污染、大气污染、地表和地下水的污染影响人体健康。生活垃圾若不能及时从市区清运或是简单堆放在市郊,往往会造成垃圾遍布、臭味散发、污水横流、蚊蝇滋生,其所在地还会成为各种病原微生物的滋生地和繁殖场,影响周围环境卫生,危害人体健康。

第 2 章

垃圾分类的意义与其投放

第一节　垃圾分类的意义

1. 为什么说垃圾可以变废为宝？

有句话说："垃圾是放错位置的资源，也是永不枯竭的城市矿藏。"看似没有利用价值的垃圾，换个地方或在科学技术进步到某个阶段之后就可能变成了另一种资源，变废为宝。

垃圾中的可回收物蕴藏着巨大的环境价值和经济价值。回收 1 吨废纸，可以重新制造出 800 千克纸张，相当于节省木材 300 千克，也就是少砍了 17 棵树；回

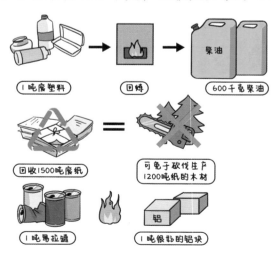

1 吨废塑料　　回炼　　600千克柴油

回收1500吨废纸 ＝ 可免于砍伐生产1200吨纸的木材

1 吨易拉罐　　1 吨很好的铝块

收 1 吨废塑料，可以回炼 600 千克无铅汽油和柴油，也可以制造 800 千克塑料粒子，节电 5 000 千瓦时；回收 1 吨废玻璃，可以生产两万个容量为 1 升的玻璃瓶，与利用石英砂作为原料生产玻璃瓶相比，可以节约用水，减少空气污染；回收 1 吨剩饭剩菜，经过生物处理后，可以生产 0.3 吨优质肥料。

在我们常见的生活垃圾中，许多都是可以回收再利用的，比如，旧书籍报纸、旧衣物、废塑料瓶、啤酒瓶和易拉罐等。这些物品只要经过适当的专业处理，就能变废为宝，焕发第二次生机。

2. 垃圾分类为什么能使生态环境净化？

随着城市的不断发展，我们的生活变得越来越便利，所产生的生活垃圾也越来越多。上海市每年的生活垃圾按照 1 吨 / 立方米的容重堆积，两年半的垃圾量就可以形成一座占地 100 公顷、高 100 米的锥体，跟上海松江区的西佘山体量相似。数量如此巨大的生活垃圾如果不对其进行合理利用和处理，五十年后，居住在这座城市中的居民将不得不生活在自己制造的垃圾之上。

对于生态环境来说，生活垃圾是一个危险的外来者。它占用了生态空间，污染了生存环境，甚至对地球上的动植物造成危害。在生活垃圾比较少时，大自然还可以包容和消纳它们，但是当生活垃圾产生过多时，大自然也无能为力了，因为生活垃圾的数量已经远远超出了自然环境所能消纳、降解的量。

你以为自己随手丢弃的垃圾已经在这个世界上消失了？实际情况并不是这样的，许多生活垃圾的寿命比我们想象中的更长，甚至比人类寿命长得多。例如，香蕉皮完全降解需要一个月，橘子皮降解需要约两年，一件羊毛衫至少需要一年才能降解，而一个烟蒂的降解需要十年以上，塑料袋则需要数百年才可以降解，而玻璃瓶的降解时间更是长达上千年。

由于人类随意丢弃垃圾，许多垃圾进入海洋、荒野之中后，被野生动物当作食物吞食，或以其他方式与野生动物终身相伴，造成了许多惨剧。海龟如果在年幼时被塑料缠住，长大后可能会畸形。许多鸟类因为误食塑料垃圾，胃无法将其消化，最终死亡。

我们不随意丢弃垃圾，将垃圾分类收集，投入相对应的垃圾桶，让垃圾得到正确的处理，可以净化生态环境，美化我们的家园。

3. 为什么说混放是垃圾，分类成资源？

我们都知道通过生活垃圾分类回收纸张、塑料、玻璃等可以再次利用的物品，但混合在一起的垃圾还能回收吗？举个简单的例子：纸张可以回收，剩饭剩菜也可以回收，但是废旧纸张和剩饭剩菜混合在一起就都不能被回收利用了。

如果生活垃圾只是简单地混在一起丢弃而不进行分类，那很多可回收物就会像被剩饭剩菜污染的纸张一样失去价值。生活垃圾不分类，回收利用和资源化处理都无从谈起。

生活垃圾不分类会污染环境。有害垃圾如果不单独分类，与其他生活垃圾混在一起，会产生危害。以含汞电池为例，如果不经过分类收集、处理，而是将含汞电池混合在一般生活垃圾中，电池中的汞就会慢慢泄漏出来，随着被填埋的一般生活垃圾进入土壤或下渗到地下水中，还可能通过农作物或饮用水进入人体，损伤人的肾脏。另外，厨余垃圾如果不单独分类，而与其他生活垃圾混在一起，同样会产生不良影响。以剩饭剩菜为主的厨余垃圾是引起生活垃圾恶臭的主要物质，如果将其与可回收物混合在一起，既会污染可回收物，导致其不可再回收，也使厨余垃圾不能用于堆肥，造成资源的浪费。

因此，我们说"混放是垃圾，分类成资源"，垃圾分类是十分重要的。

4. 垃圾分类与建设美丽中国有何关系？

垃圾分类对推动绿色发展、可持续发展具有重要意义，明确推行垃圾分类的具体要求，体现了党和国家对改善民生、优化生态环境的高度关切，为动员全社会力量推进垃圾分类工作、建设美丽中国指明了方向。

将垃圾分类作为推进绿色发展、建设美丽中国的重要举措，作为回应民生关切、增进民生福祉的重要抓手，一抓到底，努力抓出成效，让建设良好生态环

境成为人民幸福生活的保障，成为经济社会持续健康发展的支撑点，成为展现我国良好形象的发力点，激励全国人民共同创造新时代幸福美好生活。

5. 垃圾分类与建设资源节约型社会有何关系？

（1）垃圾分类回收再利用是改善环境、资源利用的双赢措施

垃圾分类可以提高生活垃圾回收和资源化利用效率，从而减少生活垃圾焚烧、填埋过程中产生的空气和水体污染，降低填埋场等垃圾处理设施对土地的占用，优化人居环境，建设资源节约型社会。

（2）让人们自行意识到节约的重要性

垃圾分类涉及人们生活的各个细节，并伴随着一定的惩罚措施。分类过程中的各种"麻烦"或许能让人们自行意识到节约的重要性，这种效果比任何宣传教育和挂横幅提口号都更直接，更能深入人心。意识观念的转变反过来也能促进垃圾分类的实行，进而促进节约型社会的创建。

6. 垃圾分类与居民本身有何关系？

①垃圾分类是一种良好的生活习惯，也是文明素养的体现。

②实行垃圾分类不仅能改善生活环境、促进资源回收利用、推动绿色发展，更有利于提升国民素质，推进社会文明建设。

③居民应从身边的小事做起，逐步实现垃圾分类从"要我分"到"我要分"的理念转变，实践绿色健康的生活方式，为生态文明建设贡献出自己的力量。

第二节 垃圾如何分类投放

1. 垃圾分类标识及设施有哪些？

（1）可回收物分类标识及设施

可回收物分类标识如图所示。可回收物设施：垃圾桶、垃圾箱、垃圾转运站等。

（2）有害垃圾分类标识及设施

有害垃圾分类标识如图所示。有害垃圾设施：垃圾桶、垃圾箱、垃圾转运站等。

（3）厨余垃圾分类标识及设施

厨余垃圾分类标识如图所示。厨余垃圾设施：垃圾桶、垃圾箱、垃圾转运站。

（4）其他垃圾分类标识及设施

其他垃圾分类标识如图所示。其他垃圾设施：垃圾桶、垃圾箱、垃圾转运站。

2. 家庭生活垃圾怎么分类投放？

　　针对家庭有害垃圾数量少、投放频次低等特点，可在社区设立固定回收点或设置专门容器分类收集、独立储存有害垃圾，由居民自行定时投放。

　　垃圾分类并不难，也不会耗费太多的时间和精力。最理想的状态是，在家中放置四个垃圾桶，分别为可回收垃圾桶、厨余垃圾桶、有害垃圾桶和其他垃圾桶。在日常生活中，我们只需将不同种类的垃圾随手扔进对应的垃圾桶里。在出门倾倒垃圾时，把不同种类的垃圾分别放进对应的垃圾车或垃圾桶里即可。

在投放垃圾时，我们要把垃圾袋密封好再投放。这样做是为了防止垃圾投放后散落出来。而且，一些厨余垃圾是液体的，如果垃圾袋没有密封好，废液便很容易流出来，污染垃圾车或破坏垃圾收集区的整洁，甚至散发臭味、滋生蚊虫。即使垃圾袋已经密封好，在投放时也要小心轻放，避免垃圾袋在这个过程中破裂。

3. 饭馆、食堂垃圾怎么分类投放？

（1）可回收物的投放

每一间厨房一般都储存有大量的调味料、奶制品及各种其他原材料，装这些物品的瓶子、罐子一般都是可回收物。

厨房每天都有各种原材料到货，这些原材料一般都是用纸盒或纸箱装。处理这些干净的纸包装需压扁叠好再投入可回收物垃圾桶中。

废弃的工具、金属餐具，厨具如废旧的锅铲、铸铁锅、塑料容器等，应投入可回收物垃圾桶中。

废弃的织物，如毛巾、围裙、厨师帽等也应投入可回收物垃圾桶中。

（2）厨余垃圾的投放

厨余垃圾相对来说容易区分，只要是厨房里产生的容易腐烂的、会发臭、有味道的生物物质的废弃物，都属于厨余垃圾。

主要有食物残渣、菜叶、果皮、香料、鱼鳞、动物骨头等几大类。

厨房里每天会产生大量的果蔬皮和剩饭剩菜，它们是污渍和异味的主要来源，一定要专门收集和特

殊处理。注意在扔吃剩下的食物时，要干湿分投，把食物或汤汁专门倒进厨余垃圾桶里，对包装，根据情况投放入干垃圾桶（其他垃圾桶）或可回收物垃圾桶中。

4. 药店、诊所垃圾怎么分类投放？

（1）普通感冒药、消化药等片剂类的药物

可以选择把拆出的药片放在一起用纸包好，然后丢弃到有害垃圾桶中。

（2）止咳、感冒类的口服液

这类药品相对抗生素来说，还比较安全，家庭储存的量也不会太多。在处理的时候，可以选择把里面

的液体倒掉，然后用清水冲洗干净再丢弃。一次不要倒太多，分期分批倒掉。

　　（3）**废玻璃瓶**

　　废玻璃瓶可以当作可回收物来处理。中药煎煮后的药渣属于厨余垃圾，应该尽量把其中水和药液沥干，然后丢弃到装厨余垃圾的垃圾桶中。

5. 办公室废弃的纸制品怎样投放？

　　对于办公室可回收的纸制品，在投进可回收垃圾桶之前，还需要我们先做一些必要的处理，以便于它们更好地被回收再利用。比如，将皱皱的纸团展开、抻平后再叠放，这样不仅能节省垃圾桶的空间，还能最大限度地保护纸张的完整性。除此之外，将浸湿的纸张晾干后再扔进垃圾桶，也是一个好习惯。这样可以防止其他纸制品被沾湿、弄脏甚至被毁坏，有利于回收再利用。

6. 废弃的瓶子怎样投放？

　　处理瓶子、罐子等垃圾时，注意应尽量投放空瓶。家中的饮料瓶、酒瓶、易拉罐等，多用来盛放液体。

在处理这类垃圾时，应该先将里面的液体喝完或倒光，确保是空瓶后再投放。这样，各种各样的液体不会混合在一起，也不会从垃圾袋中流出或溢出而沾染其他垃圾或弄脏垃圾桶，还减轻了垃圾袋的重量，方便我们投放。而且，在后续的垃圾处理过程中也不必再耗费人力和时间对这些瓶瓶罐罐进行复杂的清理。

7. 易碎垃圾怎样投放？

处理易碎的垃圾时，应小心轻放。家庭中产生的易碎垃圾有很多，如玻璃制品、瓷器、碗碟等，处理这类垃圾时，我们要格外小心，轻拿轻放，必要时还

可以采取一些防护措施，如包扎、装箱等。因为它们一旦被打碎，就会变成一堆碎片。其断裂面非常锋利，不仅容易划破垃圾袋，还很可能划伤或扎进我们和环卫工人的皮肤，造成意外伤害。因此，投放这类垃圾时，不要用力扔掷或猛砸，要格外小心。

8. 特殊垃圾如何处理？

（1）装修垃圾

装修垃圾是施工单位或个人对各类建筑物、构造物等进行改造、拆除、修缮过程中产生的废弃物，如碎石块、碎砖块、废砂浆等，须装袋后投放至指定的装修垃圾堆放场所。

（2）大件垃圾

大件垃圾是指体积较大、整体性强、需要拆分后再处理的生活废弃物。如沙发、床、床垫、桌凳、茶几、衣柜、书柜酒柜、电视柜、鞋柜、自行车、燃气灶、健身器材、金鱼缸、洗浴玻璃门、可拆解沐浴房等。对于大件垃圾的处理，可网上预约上门服务，或联系其他再生资源回收企业、物业服务公司、生活垃圾分类收集单位回收，或投放至指定回收点。

（3）电子废弃物

电子废弃物俗称"电子垃圾"，是不再使用的电器、电子设备等，如大型烤箱、电冰箱、洗衣机、电视机、空调等大型电器，以及大型电子产品；微波炉、电饭煲、电磁炉等小型电器及笔记本电脑、手机等电子产品。电子废弃物须谨慎处理，否则造成的污染将直接危害人类的健康。

第 **3** 章
城市生活垃圾的管理

1. 我国每年的垃圾产量有多少？

　　根据中国城市环境卫生协会的统计，我国每年产生近 10 亿吨垃圾，其中，生活垃圾产生量约 4 亿吨、建设垃圾产生量 5 亿吨左右。此外，还有餐厨垃圾 1 000 万吨左右。

　　随着我国社会经济的快速发展、城市化进程的加快和人民生活水平的迅速提高，城市生产生活过程中产生的垃圾也迅速增加。生活垃圾占地、环境污染及其对人们健康产生有害影响的问题日益突出。城市生活垃圾的大量增加，使得垃圾处理难度越来越大。由此造成的环境污染逐渐引起了社会各界的广泛关注。为实现城市生活垃圾的工业化处理、循环利用、减量

化和无害化，大力推进垃圾分类回收政策实施和发展
垃圾处理技术已是刻不容缓。

2. 我国垃圾分类工作有什么进展？

　　根据住房和城乡建设部城市建设司的统计，截至
目前，我国生活垃圾分类工作取得了阶段性进展：46
个重点城市生活垃圾分类覆盖 7 700 多万个家庭，居
民小区覆盖率达 86.6%，其他地级城市生活垃圾分类
已全面启动。据了解，目前，46 个重点城市厨余垃圾
处理能力已从 2019 年的 3.47 万吨 / 天提升到 6.28 万
吨 / 天，生活垃圾回收利用率平均为 40.4%，有 15 个
城市达到或超过 55%。生活垃圾分类已成为绿色低碳
生活的一种新时尚。

　　但同时也要看到，我国生活垃圾分类总体尚处于
起步阶段。据调查，一些小区、企业仍有"混堆混放""混

20世纪60年代

20世纪80年代

21世纪

投混扔""混装混运"的情况。

生活垃圾分类是一项久久为功、持续发力的系统工程。目前，我国垃圾分类制度还不够成熟，尚未定型，在落实城市主体责任、推动群众习惯养成、加快垃圾分类设施建设、完善配套支持政策等方面还不完善。

为了更好地推进生活垃圾分类，对生活垃圾分类要全面加强科学管理。合理确定分类类别；推动源头减量；逐步落实在产品包装上印上醒目的垃圾分类标识；落实限制商品过度包装和塑料污染治理有关规定；倡导"光盘行动"；推动无纸化办公等；推进垃圾分类投放收集系统建设，设置简便易使用的生活垃圾分类投放装置，合理布局设置垃圾分类收集设施设备，推动开展定时定点分类投放等；完善垃圾分类运输系统，合理确定分类运输站点、频次、时间和线路，加强有序衔接，防止生活垃圾"先分后混、混装混运"等。

3. 面对垃圾分类工作我们公民有什么责任和义务？

（1）在日常生活中减少垃圾丢弃

面对垃圾分类，身为居民，我们也有自己的一份责任需要承担，只要我们从日常小事做起，就可以从根源上减少垃圾的产生，从而缓解甚至解决垃圾问题。例如，如果我们是上班族，我们可以自备盒饭，不点外卖，减少塑料制品及一次性用品的使用；外出用餐时量力而行，拒绝铺张浪费，践行"光盘行动"，减少厨余垃圾的产生；逐渐改变使用家居纸制品的习惯，改用毛巾、手帕等，不仅可以减少资源消耗，也可以大大减少垃圾的产生。

（2）培养生活垃圾分类习惯和积极心态

逐渐培养将生活垃圾分类的良好习惯也是推动我们建立文明社会、改善现有环境的一大重要举措。将不同的垃圾分门别类，丢弃在不同的垃圾箱里，有助于极大地提高垃圾回收处理的效率，隔离有害垃圾，减少环境污染，还能提高废品回收比例，减少对原材料的需求，节省资源、能源等。将垃圾分类投放对我们的日常生活益处众多，我们应抱着积极的心态接纳它，遵循它，学习它，提倡它。

4. 我国政府对城市生活垃圾管理有什么目标？

在推行垃圾分类的工作上，我国政府目标明确，态度坚定。自党的十八大以来，垃圾分类工作更是引起中共中央的高度重视，但是其推行十几年来，分类效果一直不尽如人意。2000年年底，在全国范围内，生活垃圾分类工作由点到面逐步推开，并取得了初步成效。2014年，相关部门联合推进生活垃圾分类试点城市建设。2018年，各试点城市出台和制订垃圾分类管理实施方案与行动计划。到2019年，要求全国地级及其以上城市全面启动垃圾分类工作。要求2020年年底，46个重点城市基本建成垃圾分类处理系统。2025年年底前，全国地级及其以上城市将基本建成垃圾分类处理系统。

为实现垃圾分类相关工作的快速推进，全国各级政府相继颁布了一系列垃圾分类法规、规范来保证垃圾分类工作的顺利进行。下文将为读者列举国家或地方颁布的部分相关法规、标准。

5. 国家颁布的相关文件有哪些？

20 世纪 90 年代，我国颁布了《中华人民共和国固体废物污染环境防治法》。

2007 年，中华人民共和国住房和城乡建设部修订、颁布了《城市生活垃圾管理办法》；2007 年 7 月，《城市生活垃圾管理办法》正式实施。

国务院于 2011 年 4 月 19 日发出通知，批转住房城乡建设部等部门《关于进一步加强城市生活垃圾处理工作意见》，要求各省、自治区、直辖市人民政府、国务院各部委、各直属机构认真贯彻执行。

2017 年 3 月 18 日，国务院办公厅转发了国家发展改革委、住房城乡建设部《生活垃圾分类制度实施方案》。

2019 年 11 月 18 日，中华人民共和国住房和城乡建设部发布了《生活垃圾分类标志》新标准。

2020 年 11 月 27 日，为深入贯彻落实习近平总书记关于垃圾分类的系列重要指示批示精神，中华人民共和国住房城乡建设部、国家机关事务管理局等十二部门联合印发了经中央全面深化改革委员会第十五次会议审议通过的《关于进一步推进生活垃圾分类工作的若干意见》。

2022 年 1 月 12 日，国务院办公厅转发国家发展改革委、生态环境部、住房城乡建设部、国家卫生健康委《关于加快推进城镇环境基础设施建设的指导意见》。

6. 北京市生活垃圾管理有哪些相关文件？

2020 年 9 月 25 日，北京市十五届人大常委会第二十四次会议表决通过了《北京市人民代表大会常务委员会关于修改〈北京市生活垃圾管理条例〉的决定》，其主要内容包括：

（1）建立收费制度

按照多排放多付费、少排放少付费，混合垃圾多付费、分类垃圾少付费的原则，逐步建立计量收费、分类计价、易于收缴的生活垃圾处理收费制度，加强收费管理，促进生活垃圾减量、分类和资源化利用。具体办法由北京市发展改革部门会同市城市管理、财政等部门制定。

（2）建设高标准生活垃圾处理设施

坚持高标准建设、高水平运行生活垃圾处理设施，采用先进技术，因地制宜，综合运用焚烧、生化处理、卫生填埋等方法处理生活垃圾，逐步减少生活垃圾填埋量。北京市支持生活垃圾处理的科技创新，促进生活垃圾减量化、资源化、无害化先进技术、工艺的研究开发与转化应用，提高生活垃圾再利用和资源化的科技水平。

（3）依法进行环境及设施评估

建设生活垃圾集中转运、处理设施，应当依法进行生活垃圾环境影响评价，分析、预测和评估可能对周围环境造成的影响，并提出环境保护措施。建设单位应当将环境影响评价结论向社会公示。建设单位在报批生活垃圾环境影响文件前，应当征求有关单位、专家和公众的意见。报送环境影响文件时，应当附具对有关单位、专家和公众的意见采纳情况及理由。

生活垃圾集中收集、转运、处理设施建设应当符合国家和北京市有关标准，采取密闭、渗滤液处理、防臭、防渗、防尘、防噪声、防遗撒等污染防控措施；现有设施达不到标准要求的，应当制订治理计划，限期进行改造，达到环境保护要求。

7. 上海市生活垃圾管理的相关文件包括哪些主要内容？

2018年2月7日，上海市人民政府办公厅印发《关于建立完善本市生活垃圾全程分类体系的实施方案》的通知。文件对上海市生活垃圾如何分类和生活垃圾分类管理的主要环节等列出规定。其主要内容包括：

（1）明确生活垃圾分类标准

上海市生活垃圾分类实行"有害垃圾、可回收物、湿垃圾和干垃圾"四个分类标准。鼓励各单位和居住小区根据区域内再生资源体系发展程度，对可回收物细化分类。生活垃圾分类原则上采取"干湿分类"，必须单独投放有害垃圾，分类投放其他生活垃圾。将"厨余垃圾"定义为易腐垃圾，包括餐饮垃圾、厨房垃圾等含水率较高的垃圾。"干垃圾"为厨余垃圾以外的其他生活垃圾，包括有害垃圾、可回收物和其他垃圾。

（2）规范生活垃圾分类收集容器设置

上海市居住小区、单位、公共场所管理办公室应当按照规定，设置分类收集和存储容器。分类收集容器由生活垃圾分类投放管理责任人按照规定设置。

（3）稳步拓展生活垃圾强制分类实施范围

按照"先党政机关及公共机构，后全面覆盖企事

业单位"的安排，分步推行生活垃圾强制分类。坚持党政机关及公共机构率先实施，加快推行单位生活垃圾强制分类。2018 年，实现单位生活垃圾强制分类全覆盖。巩固、提升、拓展居住区生活垃圾分类，建立生活垃圾分类达标验收挂牌制度。在达标的基础上，推动创建垃圾分类示范街镇和示范居住小区（村），不断提升垃圾分类实效。2018 年，静安区、长宁区、奉贤区、松江区、崇明区、浦东新区（城区部分）率先普遍推行生活垃圾分类制度，建成 3 个全国农村垃圾分类示范区，全市建成 700 个垃圾分类示范行政村。2020 年，居住区内普遍推行生活垃圾分类制度。坚持整区域推进，以区、镇、街为单位推行生活垃圾分类制度。

（4）**强化生活垃圾强制分类执法**

相关管理部门要做好分类义务、分类标准、分类投放管理责任等的告知工作，并加强日常督促监管和指导。对违反垃圾分类规定的行为及时制止并督促整改；对拒不执行垃圾分类的，要按照规定移交城管执法部门予以处罚。城管执法部门要按照法律法规的规定，加强对垃圾分类违法行为的巡查执法，对拒不履行分类义务的单位及个人依法依规严格执法。

严格执行生活垃圾强制分类制度，对于公共机构、相关企业，原则上遵循不分类不收运，禁止混装混运。生活垃圾分类管理主要环节包括分类投放、分类收集、分类运输和分类处置。

8. 我国城市垃圾循环利用处理的方法有哪些？

　　我国的生活垃圾分类处理工作相对来说起步较晚，虽然在部分大城市进行了生活垃圾分类试点，但是推广效果并不理想。一些城市中没有规范地放置分类垃圾箱，很多即使是放置了分类垃圾箱的地方的市民因素质不高或重视程度不够等原因，很少有做到垃圾分类投放和及时回收的。造成这种现象产生的根本原因在于我国的垃圾分类回收相关知识未得到很好的普及。

要达到资源可持续发展、安全环保和平稳高效处理垃圾的目的，可参考以下可行方法。

（1）**从源头上减少垃圾的产生，发展循环经济**

对垃圾产生源头进行控制，可以减少垃圾的产生，但不能杜绝。这就要求对垃圾处理环节提高重视。从源头控制垃圾的产生，符合垃圾处理减量化的可持续原则。采用引导、奖惩、限制等手段，最大限度地实现垃圾产量最小化。商品生产过程中将产品的体积小型化、重量轻型化，禁止商品过度包装，尽量增加产品的寿命来减少垃圾的产生。同时要让消费者树立绿色消费观念，提高循环消费意识，在消费过程中尽量选择可循环的商品，减少一次性消费品的使用。

（2）**对垃圾做资源化处理**

建立环保、高效、节能的垃圾分类收集、运输系统。应依照可持续发展的观念，对垃圾做资源化处理。垃圾的资源化处理是指对产生的垃圾进行细致分类和筛选，然后根据筛选出来的垃圾不同的性质分别采用适宜的方法处理，使不同种类的垃圾均能加以回收再利用，从而真正做到垃圾处理的减量化、无害化和资源化。

（3）**建立完整的垃圾处理循环产业链**

垃圾资源的产业化可以缓解资源短缺的危机、减少垃圾污染环境的问题，还可以创造价值和财富。

（4）建立可持续性的垃圾管理系统

　　建立可持续性的垃圾管理系统可以在一定程度上促进可持续发展战略的实施。该类系统既能满足目前垃圾管理的需要，又能适时升级，满足未来发展的需要。

第 4 章

城市生活垃圾的收集和运输

第一节　城市生活垃圾的收集

1. 什么是生活垃圾收集？

生活垃圾收集，是通过采用多种收集方式，把居民家中产生的生活垃圾集中装入垃圾收集车的过程。这是垃圾处理的第二个重要环节——垃圾从我们的家中被集中转移到运送垃圾的垃圾车里。这项工作一般由环卫工人来完成，也要居民积极配合。

由于我们居住地的面积和容量有限，垃圾不能被长时间堆放在某一个地方。而垃圾本身容易腐烂、变质，散发臭味并滋生蚊虫，所以在小区或社区里，必须每天清理垃圾。因为生活垃圾分散在各家各户之中，却无法对生活垃圾进行分散式就地处理，所以，必须把垃圾集中到某个固定的地方。在这种情况下，垃圾的收集工作就变得非常重要了。

2. 生活垃圾收集点设置有什么要求？

生活垃圾收集点的服务半径一般不应超过 70m。

在规划建造新住宅区时，对于未设垃圾管道的多层住宅一般每四幢设置一个垃圾收集点，并要建造生活垃圾容器间，安置活动垃圾箱（桶）。

城市垃圾桶是根据城市规划要求摆放的，《城市环境卫生设施规划规范》中规定，垃圾桶摆放点的间距应该按照《城市环境卫生设施设置标准》中相应内容进行设置：商业大街设置间隔为 25 ~ 50 米；交通干道设置间隔为 50 ~ 70 米；一般道路设置间隔为 70 ~ 100 米。

供居民使用的生活垃圾容器，以及袋装垃圾收集堆放点的位置一般要固定，应既符合方便居民和不影响市容观瞻等要求，又要利于垃圾的分类收集和机械化清除。

3. 我国城市生活垃圾分类模式有哪些？

目前，我国试点城市的垃圾分类模式主要针对厨余垃圾、可回收物、有害垃圾和其他垃圾四类。对厨余垃圾采用生物发酵或直接填埋；可回收物分为废纸、废金属、废塑料、废玻璃、废旧纺织物，由相关企业对其进行资源再利用；有害垃圾包含废电池、废旧灯管、过期药品和化妆品等，需要由有危废处理资质的企业集中处置；其他受到污染或完全失去价值的垃圾压缩后进行填埋。

根据我国垃圾的实际情况，建议采用干垃圾、厨余垃圾分类模式。干垃圾主要是没有被污染、含水量低、回收简单、价值大且易处理的垃圾，如废塑料瓶、纸质用品包装等。厨余垃圾主要是含水量高、回收加工处理复杂的垃圾，如厨房垃圾、卫生用品垃圾等。

针对我国城市生活垃圾分布及发展情况，可以采取"2+n"的生活垃圾分类模式。其中，"2"表明了推进垃圾分类工作的决心和原则，以及至少将垃圾分为两大类处理的底线。"n"则代表可根据实际情况和实践效果调整分类方案，增加 1 个或多个分类类别。"2+n"模式是"先易后难、先粗后细"分类原则的具体体现。此模式应用于快节奏的城镇生活垃圾分类不仅符合实际情况，且提升了垃圾分类的可实施性，可对垃圾进行有效分类，提高垃圾回收利用率和资源利用率。

4. 我国城市生活垃圾分类收集存在哪些问题？

目前，我国大部分城市的生活垃圾分为四大类。一是可回收物，包括废纸、废塑料、废玻璃、废金属和废旧纺织物；二是有害垃圾，如废旧电池、破碎水银温度计以及过期医用药品等；三是厨余垃圾，如剩饭、菜叶、骨头、果皮等；四是其他垃圾，如废卫生纸、渣土等难以回收的废弃物品。而仅仅将垃圾分为这四类是不够的，日本、德国等垃圾分类体系完善的国家垃圾分类就达到了八种之多，细化的分类让他们的垃圾回收几乎达到了百分之百回收率。

目前，中国是世界上垃圾包袱最沉重的国家之一。据统计，全国城市垃圾历年堆放总量高达 70 亿吨，而且产生量每年递增。垃圾堆放量占土地总面积已达 5 亿平方米，相当于折合约 75 万亩耕地。中国的耕地面积有 20 亿亩，相当于计算全国每 1 万亩耕地，就有 3.75 亩用来堆放垃圾。其中，全国工业固体废物历年储存量达 6.49 亿吨，占地面积达 5.17 万公顷。全国 600 多

座大、中城市中，有 70% 的城市被垃圾所包围。城市
垃圾管理问题得不到重视，部分市民有不自觉的现象，
经常随意扔垃圾，部分有气味的垃圾或者危险实验药
品类垃圾不能得到很好的处理。政府的一些管理部门
不重视这个问题，导致一些市民"变本加厉"，因为
受不到惩罚，所以更加随意，城市产生的垃圾不能得
到正确的处理。

　　有调查显示，城市分类垃圾桶摆放数量很多，而
且大多数垃圾桶都印有分类标识，但是市民对于垃圾
分类的理解模糊，导致乱扔、混扔现象比比皆是。市
民的认识反映了整个国家对于垃圾分类的认知水平，
这也是中国在垃圾分类实施过程中遇到的比较棘手的
问题，影响了中国垃圾分类的发展进程。

5. 对垃圾桶的外观和颜色有什么要求？

垃圾桶外观应简单、协调，材料光亮易清理，同时要注意及时清洁，防止垃圾过多而溢出，避免垃圾桶破损、生锈及垃圾液体腐蚀引起二次污染，也可设计防溢装置。固定垃圾箱位置，要与环境相协调，既要方便市民，又要不影响生活环境，同时要利于垃圾分类收集和机械化运输。

目前，我国垃圾桶颜色主要分为五种。

红色或橙色：代表有害物质。有害物质包括废电池、废旧荧光灯管、废旧涂料、过期药品、过期化妆品等不可回收且带有一定污染危害的物质。

绿色：在多种塑料垃圾桶组合的情况下，绿色代表厨余垃圾。厨余垃圾可以作为提供植物养分的肥料使用，土壤掩埋后可被大自然微生物和植物分解吸收，起到废物再利用的作用。

　　蓝色：代表可回收再利用垃圾，包括废塑料、废纸类、废金属等有利用价值的物质。这些物质将被纳入废品回收系统，进行资源再生处置使用。

　　灰色：代表除厨余垃圾、有害物质和可回收物外的其他垃圾，主要有砖瓦、陶瓷、渣土等难以回收的废弃物。这类物质一般会被焚烧或填埋。

　　黄色：代表医疗废物，一般只用于医院、卫生站等医疗场所。

6. 什么是智能垃圾桶？

　　给垃圾桶安装激光传感器、光敏电阻等，对桶内容积进行实时监控，相关部门根据数据信息，对剩余容积偏小的垃圾桶进行及时清理，将互联网技术纳入垃圾桶的监管体系，这样的垃圾桶就是智能垃圾桶。

　　这种垃圾桶是通过传感器采集垃圾桶的重量，将感受到的物体重量转换成可用的输出信号；使用激光传感器和光敏电阻采集垃圾桶中的垃圾体积数据，通过计算、测量设计电路，检测光敏电阻的电压，结合垃圾桶的重量，判断是否需要清理。

　　它使用热红外人体感应和语音模块，当人们走近垃圾桶时，热红外线接收感应，内部芯片驱动电机工作，垃圾桶盖自动打开，并语音提示"请您进行垃圾分类"。

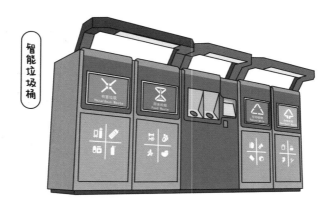

居民通过刷卡识别、智能计量等投放垃圾，保洁员负责复核检验，投放站将数据实时传至云端进行统计，数据监管平台实时接收各智能收集箱产生的数据，通过云平台对数据进行统计和发布，就能调动各级监管的力量，做到精准监管。

如果分类正确，系统就会给予积分奖励。居民可以在 App 上查看投放信息以及积分，还可凭积分到系统平台兑换物质奖励。

通过统一垃圾收集装置的外部特征，优化垃圾桶内部的构造，利用互联网激励平台与垃圾分类智能管理系统模式，以源头干预为特点，采取激励措施鼓励人们进行垃圾分类，实现生活垃圾减量与资源回收智能化。

7. 不同垃圾的收集具体有什么不同？

（1）厨余垃圾的收集

垃圾收集容器设置地点选择：社区应根据居民数量合理设置专门的厨余垃圾收集容器，一般和其他垃圾收集容器摆放在同一位置，以利于干湿分离。

垃圾收集容器设计：各类场所根据厨余垃圾产生情况，配备相应规格的厨余垃圾收集容器，按照当地相关部门的统一规定粘贴"厨余垃圾"标识。

定时定点投放：逐步推行固定时间、固定地点投放厨余垃圾。

（2）可回收物的收集

对于城区，要在居民小区因地制宜地设置收集点，安排专人对可回收物进行集中存放的管理，并按照市场原则，自主就近向规范化的回收站交售生活垃圾中的可回收物。

可回收物的服务企业及时分拣可回收物，管理居民绿色积分账户，兑现奖励承诺。推广使用再生资源回收应用平台，实现对主要可回收物在线下单、预约回收和数据全程管理等功能，鼓励对于达到一定数量或者价值量的订单实现预约上门回收。

（3）有害垃圾的收集

垃圾收集容器设置地点选择：社区应在居民日常通行经过的显眼位置设置专门的有害垃圾收集容器，并多设置几个投放点。

垃圾收集容器设计：以小规格收集容器为主，材质应具有防腐性和阻燃性，按照当地主管部门的规定粘贴统一的"有害垃圾"标识。

对集中收运点的要求：由所在地的街道（乡、镇）政府建立有害垃圾集中收运点。集中收运点应标明"有害垃圾集中收运点"字样及标识，地面硬化并封闭上锁，做到能防雨、防遗失；配备专人进行管理，接收有害垃圾时应现场确认分类情况，并进行称重。

（4）其他垃圾的收集

垃圾收集容器设置地点选择：社区应根据居民数量合理设置专门的其他垃圾收集容器，一般和厨余垃圾收集容器摆放在同一位置，以利于干湿分离。

垃圾收集容器设计：各类场所根据其他垃圾产生情况配备相应规格的其他垃圾收集容器，按照当地相关部门的统一规定粘贴"其他垃圾"标识。

定时定点投放：社区根据实际情况减少或增加楼道口其他垃圾收集容器数量，合理设定固定时间、固定地点让居民投放其他垃圾。定时定点投放可以减少污染源,减少硬件设施成本,减少保洁员工作量,还能提升分类质量，改善小区环境，提升居民文明素养。

第二节　城市生活垃圾的运输

1. 城市生活垃圾运输的方式有哪些？

　　将收集后的生活垃圾运送至处置场所的过程称为运输。随着城市居民生活水平的提高和国家对垃圾分类的重视，垃圾运输要求也越来越高。城市生活垃圾运输是将收集到的物品按下一阶段工作的要求，以一定的途径和交通设施运往不同的场所以备处理。它分为直接运输和间接运输两种。

　　（1）直接运输

　　通常采用大型垃圾压缩车对居民街道、社区、企事业单位内的生活垃圾进行直接压缩处理，然后再运往垃圾处理地。

　　（2）间接运输

　　间接运输是在垃圾运输中途设有转运站和垃圾处理站的间接运输方式。它是先将收集到的垃圾通过各种运输工具运送至转运站，经压缩等处理后再由车辆运往垃圾处理厂的运输方式。

不同类别的固体废物, 其运输管理要求也不同。

有害垃圾

2. 城市生活垃圾运输设备有哪些？

城市生活垃圾运输设备是垃圾收集车，根据装车方式的不同，可分为不同的车型，如前装式、侧装式、后装式、顶装式、集装箱直接上车等。为了清运狭小巷内的垃圾，还需要配备人力手推车、三轮车和小型机动车等。目前国内常使用的垃圾收集车介绍如下。

（1）简易自卸式收集车

简易自卸式收集车是国内最常用的生活垃圾收集车，一般分为罩盖式自卸收集车和密封式自卸收集车两种。简易自卸式收集车一般配以叉车或铲车，便于在车厢上方机械装车，适宜于固定容器收集法作业。

简易自卸式收集车

（2）活动斗式收集车

活动斗式收集车的车厢作为活动敞开式储存容器，平时大多放置在垃圾收集点。车厢贴地且容量大，适宜储存、装载大件垃圾，也称为多功能车，一般用于拖拽容器收集法作业。

活动斗式收集车

（3）侧装式密封收集车

侧装式密封收集车内侧装有液压驱动提升机构，提升配套圆形垃圾桶，可将地面上的垃圾桶提升至车厢顶部，由倒入口倾翻。倒入口有顶盖，随桶倾倒动作而启闭。

侧装式密封收集车

（4）后装式压缩收集车

后装式压缩收集车车厢后部开设投入口，装配有压缩推板装置。通常投入口高度较低，能适应居民中的老年人和小孩倒垃圾，同时由于有压缩推板，适应体积大、密度小的垃圾的收集。

收集、运输单位若要将需要转运的生活垃圾运送

后装式压缩收集车

至符合条件的转运场所，要使用专用车辆分类运输生活垃圾。专用车辆上应当清晰标明所运输的生活垃圾类别，实行密闭运输，不能将已分类投放的生活垃圾混合收集、运输，也不能将危险废物、工业固体废物、建筑垃圾等混入生活垃圾之中。

3. 城市生活垃圾收集、运输路线设计原则有哪些？

设计城市生活垃圾收集、运输路线的原则：

①收集、运输路线设计应尽可能紧凑，避免重复或断续。

②收集、运输路线设计应能平衡工作量，使每个作业段、每条线路的收集和清运时间达到最大效率。

③收集、运输路线设计应避免在交通拥挤的高峰时间段收集、清运垃圾。

④收集、运输路线设计应当保证首先收集地势较高地区的垃圾。

⑤收集、运输路线设计时，如果是起始点最好位于停车场或车库附近。

⑥收集、运输路线设计时，如果是在单行街道收集垃圾，起点应尽量靠近街道入口处，沿环形路线进行垃圾收集、清运工作。

4. 城市生活垃圾收集、运输路线设计方案有哪些？

生活垃圾每天都要从垃圾收集点运往转运站，经过压缩处理后再运往垃圾处理中心进行处理。如果能

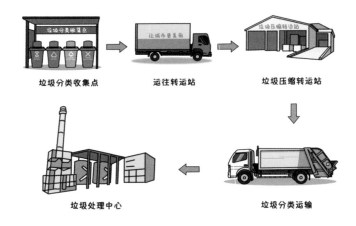

垃圾分类收集点　　　运往转运站　　　　垃圾压缩转运站

垃圾处理中心　　　　　　　垃圾分类运输

根据实际情况设计合理的收集、运输路线，就能在一定程度上有效地提高城市生活垃圾收集、运输水平。城市生活垃圾收集、运输路线的设计一般有三种方案。

（1）每天按固定路线进行收集、运输

这是目前采用最多的收集运输方案。环卫工人每天按照预设固定路线进行收集。该方案具有收集时间固定、路线长短可以根据人员和设备进行调整的特点。

缺点是人力、设备使用效率较低，在人力方面和设备出现问题和故障时会影响收集工作的正常进行，而且当路线中垃圾的产生量发生变化时，不能及时调整收集路线。

（2）大路线收集、运输

允许收集人员在一定时间段内自己决定何时何地进行哪条路线的收集工作。此方案的优缺点与第一种方案的相似。

（3）车辆满载

此方案环卫工人每天收集的生活垃圾量是运输车辆的最大承载量。此方案的优点是可以减少垃圾运输时间，能够充分地利用人力和设备，并且适用于所有收集方式。缺点是不能准确预测车辆最大承载量相当于多少居民家中或企业单位的垃圾产生量。

5. 对不同垃圾采用的运输方式有什么不同？

（1）有害垃圾的运输

收运处置单位中应配备有害垃圾专用运输车辆，且车辆厢体密闭，安装车载定位系统，车身喷涂"有害垃圾专用运输车"字样。有害垃圾运输采用袋装方式，确保防渗、防破损。

不同车型，不同用途。

（2）可回收物的运输

可回收物由具备相关资质的企业实行专项收运，配备的可回收物专用运输车辆厢体应密闭并统一标识。

（3）厨余垃圾的运输

厨余垃圾的运输以巡回收集直运方式为主，由厨余垃圾专用运输车辆通过两种方式实现分类运输：一是直接运送至厨余垃圾处理厂，二是就近送至小型厨余垃圾处理设施处。

厨余垃圾专用运输车辆车厢内部要进行防锈处理，车厢必须密闭，防止垃圾渗滤液的滴漏现象发生和异味的散发。

（4）其他垃圾的运输

其他垃圾分类收集后，由专用密闭运输车辆集中转运到附近的垃圾转运站，再由垃圾转运站集中送往垃圾焚烧发电厂或垃圾卫生填埋场。

第 5 章

生活垃圾的生物处理

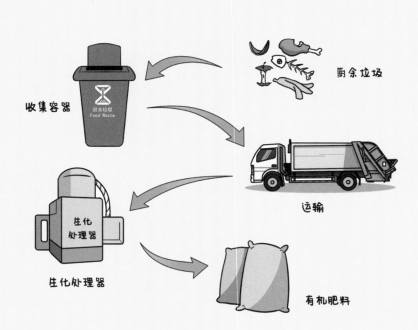

1. 什么是生活垃圾的生物处理？

生活垃圾的生物处理是利用自然界中的微生物，将生活垃圾中的有机物转化降解为稳定的产物、能源和其他有用物质，实现生活垃圾的减量化、无害化、资源化。此项处理技术包括好氧技术和厌氧技术两种。好氧技术以堆肥为代表，最终获得有机肥料，回归土地，实现再利用；厌氧技术是最重要的生物质能利用技术之一，它使固体有机物变为溶解性有机物，再将蕴藏在废弃物中的能量转化为沼气，用来燃烧或发电，以实现资源和能源的回收再利用。

2. 哪些生活垃圾适合生物处理？

生活垃圾的生物处理主要用于处理有机垃圾，主要包括厨余垃圾如剩饭剩菜、鱼骨鱼刺、果皮等，动物尸体、粪便，植物中的木屑、树皮、落叶、花草、农作物秸秆等。其他垃圾则不适合生物处理：如纸制品、塑料制品、玻璃、金属、皮革、橡胶、衣物等，还有家庭清扫出的尘土、头发，装修剩余的涂料等也不适于生物处理。总之，能用生物处理的垃圾主要是有机物，具有"易腐烂"的特点。

适合生物
处理的种类.

　　生物处理主要是利用垃圾的有机质含量和含水率，处理后实现生活垃圾的减量化；运用厌氧消化技术产生沼气，将沼气用于生产生活，实现了生活垃圾的能源化；采用好氧堆肥技术产生的有机肥以及采用厌氧消化技术产生的沼渣可作为肥料用于农业生产。

3. 影响生活垃圾堆肥的因素有哪些？

　　影响生活垃圾堆肥的因素有生活垃圾的性质、体积及含水量、堆肥温度、通风量等，这些因素均会影响堆肥的效果。

　　堆肥的颗粒大小以 25～75 毫米较为合适，而其中的有机碳与氮素的比例应在适宜的范围之内。在该范围之外，微生物的生长会因"偏食"而受到抑制。

堆肥垃圾的适宜含水率也有较大的影响，一般来说，垃圾中的有机物含量越高，适宜的含水量也越高，实际操作时可视情况添加污水、粪便等提高含水率，或添加稻草、木屑等降低含水率。

垃圾的性质、体积、温度、通风量都可能影响堆肥效果。

　　堆肥实际上主要利用的是微生物的好氧反应，因此通风对堆肥效果会有显著影响。而不同堆肥阶段要求的温度有所差异，为达到垃圾堆肥卫生化的需要，温度要在 55℃以上，同时还要求堆肥的最高温度达到 60 ~ 70℃并维持 24 小时，以杀死病原微生物和植物种子。

4. 生活垃圾堆肥有哪两种？

　　生活垃圾堆肥是利用微生物对生活垃圾中有机物

的分解作用，产生一种稳定、卫生、有一定使用价值的农业肥料或土壤改良剂，对解决城市环境污染问题及实现城市生活垃圾无害化、资源化、产业化具有重要的意义。根据堆肥过程中微生物对氧的需求，可简单将生活垃圾堆肥分为厌氧堆肥和好氧堆肥两种。

（1）厌氧堆肥

中国农村已有几千年的堆肥历史，通常以农作物秸秆、落叶及人、畜的粪便为原料堆沤还田，依靠厌氧微生物的分解作用，完成有机物的矿化及腐殖化过程。其特点是时间长，一般需要6个月左右的时间：厌氧分解温度低，堆内有害病菌不能被全部杀死；分解时产生浓烈臭味；堆肥规模小，仅限于以家庭为单元。然而，由于其操作简单，在分解过程中有机碳及氮素保留较多，而在农村普遍使用。

（2）好氧堆肥

好氧堆肥是在通气条件好、氧气充足的条件下进行，好氧菌对废物进行吸收、氧化及分解。好氧微生物通过自身的生命活动，把一部分被吸收的有机物氧化成简单的无机物，同时释放出可供微生物生长活动使用的能量；而另一部分有机物则被合成新的细胞质，使微生物不断生长繁殖，产生出更多生物体。通常，好氧堆肥的堆温较高，一般宜在55 ~ 60℃时进行，

所以好氧堆肥也称高温堆肥。高温堆肥可以最大限度地杀灭病原菌，并且对有机质的降解速度快，堆肥所需天数短，臭气发生量少，是堆肥的首选方法。

5. 什么是阳光堆肥房？

　　阳光堆肥房又称高温堆肥发酵房，是一种构筑物式的堆（沤）肥方法，即将厨余垃圾放置在密闭阳光房中，利用太阳能采光板辅助加温，垃圾腐熟后形成有机肥。阳光房横截面形状基本为正方形，高度与正方形边长接近，顶部向阳方向设置玻璃透光斜面（约占顶部面积的1/2），起到暖房的作用。同时，阳光房顶部设有垃圾倾倒口用于进料，侧面开有出料门，可用于人工出料。阳光房采用每日连续进料，一次性集中出料的操作方式。运作时，先将进料集中填入一个仓室，填满后，再填充另一个仓室。然后，回填前一个仓室（因生物降解沉降形成了新的可填空间）。如此循环，直至一个仓室运作一个处理周期后出料，然后再重新填入。一个堆肥房投资建设费用在10万元左右。优点是运作不需电力，但出肥时间较长，通常需2~6个月。适用于光照较为充足的地区。

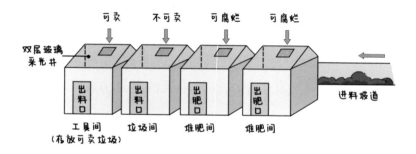

6. 什么是快速成肥机？

使用快速成肥机时，破碎压榨后的生活垃圾经过发酵快速处置，实现快速成肥。该方法对于生活垃圾减量化、资源化的效果明显，一般减量率可达到80%以上。

　　快速成肥机的使用可以分为压榨脱水和好氧发酵两步。生活垃圾首先经提升，到垃圾分拣台，经固液分离后，由轨道传输至剪切破碎和螺旋挤压脱水装置中；降低物料的含水率后，再进入好氧发酵处理环节。

　　好氧发酵的主体构造为配置搅拌桨叶的卧式筒体。筒体通过壁面加热使被处理原料温度维持在指定度数，热源一般为电能。同时，筒体内配有引风装置，配合桨叶搅拌对堆肥物料进行通风、供氧。

　　在处理过程中，首先由快速成肥机自动提升升降装置，通过升降油缸带动垃圾桶上升到主机进料口，由翻斗将垃圾桶翻转倒入主机发酵仓中。而后，主机减速，电机通过链条和链轮相连，链条带动搅拌主轴和搅拌臂进行正反运转。在此过程中，以电加热、油浴传导或隔热保温层保温等加热方式维持适宜的发酵温度，并以程序控制风机自动运转增氧，同时将发酵臭气收集抽入除臭净化箱中。处理过程中通常会添加适宜的微生物菌剂。在成肥机提供的适宜繁殖和发酵的环境（包括温度、氧气、湿度等）中，微生物可以利用生活垃圾中的有机物进行快速繁殖，使有机废弃物快速发酵分解，转变为热能、二氧化碳、水以及小分子有机物质，腐熟后产物作为生产有机肥料的原料进行综合利用。按处理能力的不同，快速成肥机的筒体直径范围为 1.2 ～ 2.0 米，筒体长度为 20 ～ 30 米。目前，我国生产的快速成肥机大多配有机械化进出料装置，单台处理能力为每日可处理数百公斤甚至数吨。

7. 什么是厌氧发酵？

厌氧发酵，又称厌氧消化，是一种生物可降解有机废物的处理方法，即在厌氧环境中，利用厌氧微生物的转化作用，将垃圾中大部分可生物降解的有机物质进行分解，转化为沼气，进行综合利用。

厌氧发酵的基本功能是保证稳定、可靠、高效地处理固体废物，并获得符合质量要求的厌氧消化产物。厌氧发酵产沼气过程中的有机物代谢可划分为串联的几个步骤：

①分解和水解：使固体有机物转化为可溶性的基质（葡萄糖、氨基酸和长链脂肪酸）。

②酸化：使可溶性的基质进一步分解为乙酸和氢气。

③甲烷化：微生物以乙酸营养型和氢营养型两种途径将乙酸和氢气转化为甲烷、二氧化碳和水。甲烷和二氧化碳是构成沼气的主要组分。剩余部分成为沼渣、沼液的有机物组分。

厌氧发酵是一种较为成熟的垃圾资源化技术，

该方法与堆肥处理的主要区别在于：①需要严格的无氧条件，使厌氧降解微生物成为优势物种；②处理产物为高含水（80% ~ 95%）的浆态物（沼渣、沼液混合物）；③厌氧发酵的产物除了沼渣、沼液之外，还有沼气，可以进行综合利用。

8. 什么是沼气？

　　沼气是多种气体的混合物，一般由甲烷、二氧化碳和少量的氮、氢与硫化氢等组成，具有可燃性、腐蚀性与麻醉性。沼气的主要成分甲烷是一种理想的气体燃料，无色无味，与适量空气混合后会燃烧。当沼气中甲烷的含量达到 30% 时，可勉强点燃；含量达到 50% 以上时，可以正常燃烧。纯甲烷的着火点为 650 ~ 750℃，热值为 35 847 ~ 39 796 千焦 / 立方米，而沼气的着火点比甲烷略低，为 645℃，热值为 5 500 ~ 6 500 千焦 / 立方米。

　　由于沼气具有可燃性，在沼气的生产与使用过程中，应特别注意防火、防爆等，做好安全工作。沼气中所含的硫化氢气体具有腐蚀性，硫化氢溶于水后生成氢硫酸。氢硫酸是一种弱酸，能与铁等金属起反应，具有强烈的腐蚀作用，因此在沼气的生产过程中需要

进行净化脱硫处理，以延长沼气储存、运输与燃烧设备的使用寿命。

沼气中的甲烷成分本身无毒，但当空气中甲烷含量达到 25% ~ 30% 时，对人、畜有一定的麻醉作用；甲烷含量达到 50% ~ 70% 时，也能使人窒息。

与其他燃气相比，沼气是一种很好的清洁燃料。沼气除直接燃烧用于炊事、供暖、照明和农副产品烘干等外，还可作为生产甲醇、福尔马林、四氯化碳等的化工原料。

9. 沼渣、沼液有什么用？

经在厌氧发酵装置中发酵后排出的料液和沉渣被称为沼渣和沼液。沼渣、沼液中含有作物生长所需的氮、磷、钾及微量元素，同时还含有丰富的氨基酸，各种水解酶及生长素，具有优良的土壤改良作用，施用于农田中有利于补充氮、磷、钾等营养元素，维持养分平衡，亦可以改善土壤的通透性能。

沼渣、沼液也被统称为"沼肥"，利用沼肥作为有机肥回用于农业生产，不仅可以减少环境污染，降低农药使用量，还有利于提高经济效益，降低用厌氧发酵产沼技术处理生活垃圾的成本。

第 *6* 章

生活垃圾的焚烧

1. 什么是生活垃圾的焚烧处理？

焚烧的实质是将有机垃圾在高温及供氧充足的条件下氧化成惰性气态物和无机不可燃物，以形成稳定的固态残渣。首先将垃圾放在焚烧炉中进行燃烧，释放出热能，然后余热回收，可供热或发电。烟气净化后排出，少量剩余残渣排出、填埋或作其他用途使用。其优点是具有迅速减容的能力和彻底的高温无害化效果，且占地面积不大，对周围环境影响较小，有热能回收。因此，焚烧处理是垃圾处理无害化、减量化和资源化的有效处理方式。随着人们环保意识的不断增强和热能回收等综合利用技术的进步，世界各国采用焚烧技术处理生活垃圾的比例正在逐年增大。

2. 生活垃圾能焚烧彻底吗？

首先要说明什么是热值,热值是单位质量(或体积)的燃料完全燃烧时所放出的热量，即 1 千克（或 1 立方米）某种固体（或气体）燃料完全燃烧放出的热量称为该燃料的热值。

随着我国经济的不断发展，人民生活水平不断提高，日常生活垃圾的热值也在不断变大。如今，生活垃圾的热值相当于普通煤炭热值的 1/4，大约是 4 200 千焦 / 千克。生活垃圾在稳定燃烧过程中完全不需要添加煤、油或天然气等辅助燃料。现在国内的机械炉排炉使用都比较成熟，均能彻底焚烧生活垃圾。焚烧后的残渣是一种密实的、不腐败的无菌物质。

3. 生活垃圾焚烧处理有什么好处？

生活垃圾焚烧处理具有"减量化、资源化、无害化"的优点,而且焚烧处理设施占地较少,垃圾稳定化迅速，减量效果明显，生活垃圾臭味控制相对容易，焚烧余热可以再利用，除了能安全、无害、高效处理生活垃圾，还能利用其焚烧所产生的余热进行发电（供热），符合循环经济的要求，生活垃圾焚烧处理技术是国内

外普遍推崇的生活垃圾处理技术。利用生活垃圾焚烧产生的余热发电，不仅可以实现废物资源化，还可以节省大量的不可再生资源如煤、天然气和燃油等，进一步减少二氧化碳的排放。据估算，2025 年国内炉排炉生活垃圾焚烧发电厂每吨垃圾可以输入电网的电量为 300 ～ 400 千瓦·时，每吨生活垃圾焚烧发电可节约标准煤 81 ～ 114 千克，减排二氧化碳 202 ～ 283 千克。

4. 什么样的城市适合选择垃圾焚烧处理方式？

随着我国城市化进程的加快和人民生活水平的提高，城市规模越来越大、城市人口越来越多，从而使得城市生活垃圾产量不断增加，城市垃圾围城危机日益严重。填埋、堆肥处理已经不能完全满足垃圾处理需求。此外，堆肥需要的时间长，占地多；大部分垃圾填埋场也已处在即将填满的情况之中而要重新选择填埋场地。由于土地紧缺和生态环境要求，在不同城市根据实际情况发展垃圾焚烧发电（供热）技术、对垃圾进行无害化处理就显得更加迫切。

根据经济发展的需要和实际情况，我国 GDP 不高的地区偏向于继续采用填埋的方式处理垃圾。而在比较发达的地区和城市，由于土地资源较少，城市人口数量较大，因此更加适合采用焚烧方式对垃圾进行减量化、无害化和资源化处理。

垃圾焚烧是一种传统的垃圾处理方法，是通过产生适当的热分解、燃烧、熔融等反应，使垃圾经过高温下的氧化进行减容，成为残渣或者熔融固体物质。

垃圾焚烧已成为城市垃圾处理的主要方法之一。

5. 有哪些垃圾不适合焚烧处理？

虽然焚烧技术是一种适用范围广、能够处理混合垃圾的典型技术，但并不是所有垃圾都适合采用焚烧的方法处理。

（1）厨余垃圾的焚烧

厨余垃圾普遍含水率高、热值较低，容易造成垃圾焚烧不完全，从而产生大量二噁英，所以在其焚烧过程中，为避免二噁英的产生，通常添加助燃剂以保障垃圾完全焚烧。

（2）玻璃类垃圾的焚烧

玻璃是不可燃物质，在焚烧炉内会软化并附着在炉壁上，使焚烧效率降低。

6. 生活垃圾焚烧处理产生哪些废气？如何控制？

生活垃圾焚烧发电（供热）厂排放的废气主要是焚烧炉所产生的烟气，所含的主要污染物为粉尘、氯化氢、二氧化硫、氮氧化物、一氧化碳、氟化氢、有机污染物、二噁英及重金属等。通过使用计算机控制系统实现垃圾焚烧、热能利用、烟气处理等过程的高度自动化，使焚烧系统在额定工况下运行，从而使原始排放物浓度降到最低。烟气经过烟气净化系统处理后通过烟囱排入大气前，使用烟气在线监测仪来连续监测各焚烧线的烟气排放指标，确保垃圾焚烧发电（供热）厂烟气能够达标排放。

7. 对于垃圾焚烧二次污染有哪些处理措施？

（1）**重金属的处理措施**

重金属留在底灰中，然后将其固化或从底灰中回收出去，以洗涤或其他方法处理烟气，减少重金属的扩散。后者需要有烟气处理设备和洗涤水处理系统，成本高且有废液产生。

（2）**氯化氢的处理措施**

烟气处理，可以采用干式系统、半干式系统及湿式系统处理装置。

（3）**二噁英的处理措施**

针对二噁英的来源，控制其产生，是世界各国普遍采用的防治措施，即：严格控制氯酚类杀虫剂、消毒剂的生产和使用；全面禁止垃圾、农作物秸秆的无序焚烧；生活垃圾焚烧炉的使用要严格控制焚烧温度不低于 850℃，烟气停留时间不小于 2 分钟，氧气浓度不低于 6%；对工业"三废"及纸浆漂白液进行净化处理；加强汽车尾气净化；等等。

第 **7** 章

生活垃圾的填埋处理

1. 垃圾填埋处理有哪些优点与缺点？

　　垃圾填埋处理是将垃圾埋入地下的垃圾处理方法，是最古老的处理垃圾的方法。城市垃圾填埋是城市垃圾最基本的处置方法，虽然可用焚化、堆肥或分选回收等方法处理城市垃圾，但对于其难以处理的部分剩余物仍需作最后的填埋处理。利用坑洼地带填埋城市垃圾，既可处置废物，又可覆土造地，保护环境。

　　填埋垃圾的优点：具有技术成熟、处理费用低等优点，是目前我国城市垃圾集中处置的主要方式。

　　填埋垃圾的缺点：对于填埋的垃圾并没有进行无害化处理，残留着大量的细菌、病毒，还潜伏着沼气

泄漏、重金属污染等隐患，其垃圾渗漏液还会长久地污染地下水资源。所以这种方法存在着极大危害，会给子孙后代带来无穷的后患。这种方法不仅没有实现垃圾的资源化处理，而且还会大量占用土地。垃圾填埋是把污染源留存给子孙后代的危险做法。目前，许多发达国家明令禁止填埋垃圾，我国政府的各级主管部门对这种处理方法存在的问题也逐步有了认识。

2. 什么是垃圾卫生填埋？

垃圾卫生填埋是将运送到卫生填埋场的城市生活垃圾，填入平地、谷地或地坑内，再压实覆土的一种无害化垃圾处理方式。这个过程称为固体废物"最终处置"或"无害化处置"，又称"卫生填埋"。为防止填埋的垃圾对环境造成污染，垃圾填埋场应采取必要而适当的防护措施，如防渗、导排、覆土等以达到被填埋垃圾与环境生态系统最大限度地隔绝。

卫生填埋场是一种能对渗滤液和填埋气体进行控制的填埋场，被许多发达国家采用。其主要特征是：既有完善的环保措施，又能达到环保标准。Ⅰ级、Ⅱ级填埋场为封闭型或生态型填埋场。Ⅱ级填埋场（基本无害化）数量目前在我国垃圾填埋场总数中约占

15%，Ⅰ级填埋场（无害化）数量目前在我国垃圾填埋场总数中约占 5%。

3. 有哪些垃圾不适合填埋处理？

以下几类垃圾都不适合填埋处理：

①有毒工业制品及其残弃物；

②有毒试剂和药品；

③有化学反应并产生有害物质的物质；

④有腐蚀性或有放射性的物质；

⑤易燃、易爆等危险品；

⑥生物危险品和未经处理的医疗垃圾；

⑦其他严重污染环境的物质。

4. 垃圾堆填有哪些环节？

①倾卸。

②压实。

垃圾倾卸后平铺,分层,由垃圾压实机械反复碾压。压实的主要作用在于增加填埋场库容,延长使用年限,减少垃圾渗入的水量。

5. 垃圾填埋封场有哪些环节？

（1）覆盖封场

当填埋作业达到终期高度以后，进行终期覆盖封场工作。填埋场上覆盖0.5米厚均匀压实的黏土防渗层，以减少雨水渗入垃圾的量 。

（2）**进行垃圾填埋场防渗工程工作及采取保护措施**

进行垃圾填埋场防渗工程工作及采取保护措施，防止垃圾填埋场内渗滤液对周边地下水及地表水造成污染。

（3）**雨水、渗滤液收集与废气排放**

在填埋场底部防渗膜上铺设 0.5 米厚碎石、砾石反滤层，碎石内铺设多道直径为 250 毫米的 HDPE 花管及 3 道直径为 315 毫米的 HDPE 导流花管用于对渗滤液的收集与导流。渗滤液经导流管流入库区外调节池，再采用回灌、蒸发的方法，即利用填埋场覆盖膜中的土壤、垃圾层的降解净化作用和终场后表面植物的吸收作用来处理渗滤液。

气体导排系统设置：在渗滤液收集槽旁间隔安装8道直径为200毫米的导气管。每根导气管长为2米，导气管四周设石笼透气层。导气系统的铺设是随着填埋作业面逐层上升而逐段加高的，导气管排放口高出最终覆盖面1米以上。

6. 垃圾填埋二次污染有哪些处理措施？

（1）垃圾填埋场场底防渗

为防止垃圾渗滤液污染地下水，必须对填埋场场底采取有效的防渗措施。近几年，国外开始采用人工合成防渗层，有的采用双防渗层。后者效果好于前者。垂直防渗可采用帷幕灌浆、盖不透水布等。各填埋场可根据具体工程和水文地质情况，采取相应的防渗措施。

（2）垃圾渗滤液的收集处理

由于渗滤液成分复杂、污染大，在排放前必须进行处理。但目前国内外尚无完善的能够适应各种垃圾渗滤液的处理技术。一般来说，对渗滤液可采取"清污分流，渗滤液回灌，预处理，汇入城市污水处理厂合并处理"的方法进行处理。

（3）垃圾填埋气的回收利用

垃圾填埋气（也称沼气）是一种可回收利用的能

源，其热值与城市煤气的热值相近。但由于垃圾填埋气回收设备复杂，投入大而且效益低，我国目前运行的垃圾填埋场大多没有气体回收再利用系统，大量有毒有害气体排放到大气环境中。这样不仅造成污染，

也造成资源浪费。填埋气回收利用可通过采取"收集—净化—利用"的方式进行。

　　我国真正能达到国际标准的垃圾卫生填埋场并不多，大部分城市采用集中堆放或简易填埋的方式处置城市垃圾，在垃圾填埋场设计过程中没有考虑对垃圾分解产生的渗沥水采取相应的防渗、防漏及净化措施。就总体而言，我国垃圾卫生填埋场的环境污染问题仍很严重，需要从技术上和管理层方面进一步完善。

第 **8** 章

生活垃圾的再生利用

1. 什么是垃圾资源化？

　　垃圾资源化，是将废弃的垃圾分类后作为循环再利用原料，使其成为再生资源。垃圾资源化利用的基本任务就是采取适宜的技术措施从垃圾中回收一切可利用的组分，重新利用。它具有廉价性、永久性和普遍性的特点，不仅可以提高社会效益，做到物尽其用，而且可以取得很好的环境效益和一定的经济效益，是垃圾处理的最佳选择和主要归宿。

建筑垃圾
破碎前

建筑垃圾
破碎后
 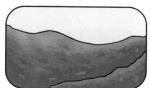

再生砖
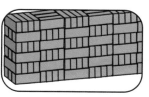 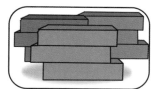

2. 纸类是怎样再生循环利用的？

　　可以再生循环利用的纸包括各种高档纸、黄板纸、制作废纸箱用的纸、切边纸、打包纸、企业单位用纸、工程用纸、书刊报纸等，不包括日常生活中使用的餐巾纸或卫生纸等。

　　纸张的原料主要为木材、草、芦苇、竹等植物纤维，因此废纸又被称为"二次纤维"。废纸最主要的用途是纤维回用生产再生纸产品。根据纤维成分的不同，按纸种进行对应循环利用才能最大限度地发挥废纸的资源价值。

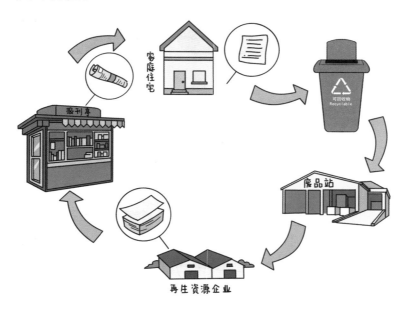

　　我国再生纸目前主要应用于纸板和纸箱用纸、包装纸袋用纸、卫生纸用纸等生活用纸、新闻用纸及办公文化用纸 5 个方面，其中，纸板和纸箱用纸是应用规模最大的一个领域。

　　通常情况下，回收后的纸张需要进行以下步骤来生成再生纸：①加水搅拌，形成纸浆；②加入相应的脱墨剂，分离纸张纤维和油墨；③使用浮选法或洗涤法，分离纤维与颜料颗粒；④分别用压制机和螺旋运送机来排水、切割分离后的纸浆；⑤用含氧化物的脱色剂漂白纸张，并清洗多余的脱色剂；⑥加入增强剂，使生产后的卫生纸、纸巾以及厨房用纸在吸收大量水分的情况下不易变形或破损。

　　通俗地说，废纸制浆的过程如同在洗衣机里把卫生纸加水搅拌打碎的过程。只不过废纸的原料驳杂，有的废纸箱有装订钉，有的废纸有塑料附膜层，还有的有胶水、油墨。在制纸时，会根据这些杂质自身的特性使用技术将其除去。大块的杂质被碎浆机筛网隔离分开，重的砂粒、铁钉被除渣器除去，油墨被脱墨剂分散后浮出去，胶黏物被清渣除渣器除去，除不掉的小颗粒被加热后在化学品作用下分散被纤维吸附。

　　对纸类通过使用上述办法回收再利用后，仅会留下极少部分不能被利用的剩余物，这些剩余物会被送往焚烧厂焚烧，或者进行卫生填埋。

3. 废塑料可以直接再生利用吗？

通常所说的"再生塑料"一般指消费后失去使用价值的可循环利用的塑料产品。塑料经过回收、集中、分类、科学合理处置后可以获得再生价值，实现循环利用。

某些合成塑料的基本原料乙烯是由石油经过裂化裂解得到的，因此回收废塑料相当于节省了石油。一般情况下，塑料的惰性都比较强，在自然环境中不易被降解，这给生态环境带来了巨大的负担和压力。将废塑料变废为宝是减轻生态环境污染的重要途径，再生塑料的环境经济价值远远大于原生塑料。

废塑料回收再生之后，可以制造很多产品，比如垃圾袋、塑料桶、塑料桌椅，有的还可以通过改良制造成塑料合金制品，性能极佳，甚至可以超过新塑料。只要是不涉及食品卫生以及需要达到某些特殊指标的塑料制品，都可以用废塑料再生的方法来生产。我们常见的塑料瓶被回收站的工作人员区分，经过特殊清洗，塑料变得干净整洁，然后进行粉碎，用来做成盆、板、管以及一些托盘。1 件雨衣需要使用的面料由约 13 个回收塑料瓶再生而来。

4. 废塑料再利用前期需要做哪些处理？

（1）分选

由于收集的废塑料成分复杂，常常混有金属、砂土、织物和其他的垃圾，因此，应该先把这些杂物分离出来。在初步分类收集后还可能有不同种类的废塑料混杂在一起，它们的理化性质是不同的，在利用前还需要进一步分选归类，才能满足其再生利用使用的要求。塑料分选法主要有手工分选法、磁选法和风力分选法三种。

（2）清洗

废塑料通常不同程度地粘有各种油污、灰尘、泥沙和其他的垃圾等，因此必须先清洗掉其表面附着的这些外部杂质，以提高再生制品的质量。废塑料在我国主要采取机械清洗和人工清洗两种方法。

（3）破碎造粒

废塑料在简单加工前一般用破碎设备进行破碎或剪切，以便进一步熔融再选粒。并非所有的废弃塑料都可以直接破碎，干净的工厂回料可以直接干式破碎，再生造粒。而对于多数从外界回收的废弃塑料，应在破碎前进行粗洗，接着进行湿式破碎，破碎后再清洗、浮选，然后造粒。

5. 废旧玻璃可以回收利用吗？

玻璃制品是采用玻璃为主要原料加工而成的生活用品、工业用品的统称，包括玻璃建材、玻璃器皿等，广泛应用于建筑、日用品、化学、医疗等诸多领域。

废旧玻璃制品属于可回收物，使用广泛。为了保护环境，促进资源的回收利用，可以将废弃的玻璃制品回收，变废为宝。

玻璃制品的回收利用包括以下几种方式：

（1）重复利用

啤酒瓶、汽水瓶、酱油瓶、食醋瓶及部分罐头瓶等玻璃制品价值较低，但数量很多，进行清理后即可重复利用。

（2）回炉重造

对回收的废旧玻璃制品进行预处理后，可以将其重新铸造成玻璃容器、玻璃纤维等，变废为宝。

（3）原料回用

回收的碎玻璃可以作为制作玻璃制品的原料。适量加入碎玻璃不仅节省原料，还有助于玻璃在较低温度下熔融。

（4）辅助铸造

铸钢和铸造铜合金熔炼时添加碎玻璃可以作为铸造用熔剂，主要起到覆盖熔液、防止氧化的作用。

（5）转型利用

这是一种新型的玻璃制品回收利用方法，经过预处理的碎玻璃制品可以加工成小颗粒的玻璃粒，用途非常广泛，例如作为道路的填料使用，与建筑材料混合制成建筑制品，用于制造视觉效果优良的建筑物表面装饰物等。

废弃的玻璃制品并不是一无是处的废物，经过适当的回收利用，它们是可以给人类社会带来良好的经济效益、环境效益和社会效益的。玻璃制品的回收利用需要公民的参与和政府的帮助。

玻璃制品是可回收物，是可以循环利用的，因为

玻璃性质稳定，回收后可以通过多种方法重新制成新的玻璃制品，因此玻璃制品应丢入可回收物中。不过要注意的是，丢弃的玻璃制品很多都是碎掉的玻璃，为了避免受伤，可以包好后再丢弃。

6. 废旧纺织品回收再利用的方法有哪些？

随着全球纺织品产量的不断提高，废旧纺织品数量也迅速增加。虽然大部分的废旧纺织品可被当作垃圾掩埋或焚烧，但对于腈纶、锦纶和涤纶等不易降解的纺织品，将其掩埋之后对土壤危害极大，且在焚烧过程中若处理不当，会产生有害气体。这既浪费资源，又带来了许多严重的环境污染问题。做好废旧纺织品的综合利用，不仅可补充纺织行业的原料供给，还可节约用地、减少环境污染。废旧纺织品回收再利用的方法有以下几种：

一是直接回收法。对废旧纺织品进行分拣、清洗、消毒等处理，仍延续在原用途中进行流通使用，比如送给经济欠发达地区。

二是能量回收法。将废旧纺织品中热值较高的化学纤维通过焚烧转化为热量，用于火力发电，主要适合不能再循环利用的废旧纺织品。

三是化学回收法。利用化学试剂将废旧纺织品中

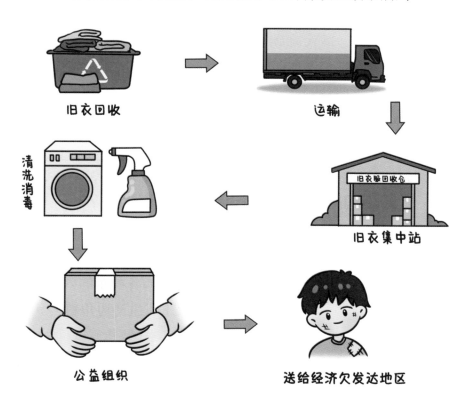

旧衣回收　　　　运输

清洗消毒　　　　旧衣集中站

公益组织　　　　送给经济欠发达地区

的材料降解或分解后重新聚合成高分子，用以制备再生纤维，或将降解产物小分子用于非纺织材料用途。该法对工艺技术要求较高。

四是物理回收法。用机械方式粉碎废旧纺织品，不改变其成分，再通过一系列工序重新织造出可用的纺织制品。这是现阶段，我国废旧纺织品回收利用的主要方式。

中国是全球第一纺织大国，纺织纤维加工总量占全球总量的 50% 以上。做好废旧纺织品循环利用，对节约资源、减污降碳具有重要示范意义。国家发展改革委等 3 部门 2022 年 3 月 31 日联合印发的《关于加快推进废旧纺织品循环利用的实施意见》中提出，到 2025 年，废旧纺织品循环利用体系初步建立，废旧纺织品循环利用率达到 25%。

7. 废旧橡胶回收再利用的方法有哪些？

废旧橡胶是固体废弃物的一种，可以和"白色污染"并提，主要来源是一些橡胶制品，如各种车的内胎、胶管、胶带和胶鞋等的废弃制品及工厂生产边角料。

中国经济发展的脚步越来越快，可是暴露的问题也越来越多，所以"绿色发展"被抬上了生活的舞台，"可持续发展"成为经济发展的前提。对于大量废弃的橡胶，对其回收利用的压力越来越大。针对废旧橡胶主要介绍四种回收利用的常见途径。

（1）**将废旧橡胶制成胶粒、胶粉等再生胶原料**

对废旧橡胶通过使用一定的工艺，制成胶粒、胶粉等再生胶原料，再将胶粒、胶粉等作为原材料，制成新的橡胶制品进行再利用。比如可对废旧橡胶通过使用低温冷冻技术使其硬化，经过切割、粉碎、脱硫，将其制成能够二次硫化的再生胶料，然后与全新橡胶原材料复合或掺杂使用。

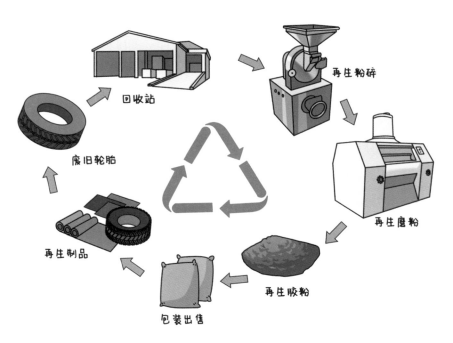

（2）制成橡胶混凝土

橡胶混凝土的应用是解决废旧橡胶"黑色污染"问题的一条可行的有效途径。橡胶混凝土是一种新型、环保的土木工程复合材料，通过在普通混凝土中掺入橡胶，达到废旧橡胶回收利用、变废为宝的目的。据相关研究发现，与普通混凝土相比，橡胶混凝土具有良好的收缩性能、抗冲击性能和抗疲劳性能等。目前，橡胶混凝土在路面工程中的应用较多，如停车场、网球场和房基等的建造。

（3）作为沥青改性剂

将废旧橡胶和塑料用于沥青改性不仅能改善沥青的性能、延长沥青路面的使用寿命，而且为利用废旧橡胶提供了一条合理途径。

（4）裂解回收

目前，废旧橡胶的裂解技术主要为惰性气体下的热裂解、真空裂解、催化裂解等。比如，通过热裂解回收，可以得到气、液、固三类回收产物。热裂解得到的气体可以用作燃料；对于液体产物，可以通过使用一定的分离技术进行二次提纯，制备汽油等燃料；固体产物为碳材料，可以用来生产炭黑，又可以作为碳电极材料。